公益性行业(农业)科研专项
“主要农作物高活力种子生产技术研究与示范”
成果丛书

种子活力测定技术手册

水稻种子活力测定技术手册

丛书主编　王建华
赵光武　唐启源　何龙生　编著

中国农业大学出版社
·北京·

内容简介

全书分为基于标准发芽试验的活力测定方法、生理生化指标测定及逆境发芽测定3章内容。此手册期望能为水稻育种、种子生产人员提供参考。

图书在版编目(CIP)数据

种子活力测定技术手册.水稻种子活力测定技术手册/赵光武,唐启源,何龙生编著.—北京:中国农业大学出版社,2018.5.

(公益性行业(农业)科研专项"主要农作物高活力种子生产技术研究与示范"成果丛书/王建华主编)

ISBN 978-7-5655-2022-8

Ⅰ.①种… Ⅱ.①赵… ②唐… ③何… Ⅲ.①水稻-种子活力-测定-技术手册 Ⅳ.①S330.3-62

中国版本图书馆CIP数据核字(2018)第088037号

书　名　种子活力测定技术手册
　　　　水稻种子活力测定技术手册

作　者　赵光武　唐启源　何龙生　编著

责任编辑　洪重光　　**封面设计**　郑　川

出版发行　中国农业大学出版社

社　址　北京市海淀区圆明园西路2号　　**邮政编码**　100193

电　话　发行部 010-62818525,8625　　读者服务部 010-62732336
　　　　编辑部 010-62732617,2618　　出　版　部 010-62733440

网　址　http://www.caupress.cn　　**E-mail** cbsszs @ cau.edu.cn

经　销　新华书店

印　刷　涿州市星河印刷有限公司

版　次　2018年9月第1版　　2018年9月第1次印刷

规　格　787×980　16开本　4.25印张　40千字

定　价　128.00元(全八册)

公益性行业(农业)科研专项
“主要农作物高活力种子生产技术研究与示范”
成果丛书

编写委员会

主　编　王建华

副主编　(按姓氏音序排列)

付俊杰　顾日良　孙　群　唐启源　尹燕枰
赵光武　赵洪春

编　委　(按姓氏音序排列)

邓化冰　段学义　樊廷录　付俊杰　顾日良
韩登旭　郝　楠　何丽萍　江绪文　康定明
李润枝　李　莉　梁晓玲　林　衡　鲁守平
马守才　孟亚利　石书兵　孙　群　孙爱清
唐启源　田开新　王　进　王　玺　王　莹
王建华　王延波　尹燕枰　赵光武　赵洪春
郑华斌

《种子活力测定技术手册》(共8分册)编委会

主　　编　王建华　赵光武　孙　群

编写人员　(按姓氏音序排列)

何龙生(浙江农林大学)

江绪文(青岛农业大学)

李润枝(北京农学院)

孙　群(中国农业大学)

唐启源(湖南农业大学)

王建华(中国农业大学)

赵光武(浙江农林大学)

总　序

农业生产最大的风险是播下的种子不能正常出苗，或者出苗后不能正常生长，从而造成缺苗断垄甚至减产。近些年，发达国家的种子在我国呈现出快速扩张的趋势，种子活力显著高于国内种子是其中的重要原因之一。农业生产的规模化、机械化是提高我国农业劳动生产效率，实现农业现代化的必由之路。单粒精量播种技术简化了作物生产管理的间苗定苗环节，大幅度降低了农业生产人力和财力支出，同时也是优质农产品生产的基本保障。但是，高活力种子是实现单粒精量播种的必要条件，现阶段我国主要农作物种子活力还难以适应规模化机械化高效高质生产技术的发展要求。

研究我国主要农作物种子的高活力生产技术和低损加工技术，提高种子质量是农业生产机械单粒播种、精量播种的迫切需要，也是加强我国种子企业的市场竞争力与种业安全的紧迫需求。2012 年，中国农业大学牵头，山东农业大学、湖南农业大学、中国农业科学院作物科学研究所、浙江农林大学、北京德农种业有限公司参与，共同申报承担了农业部公益性行业（农业）

科研专项“主要农作物高活力种子生产技术研究与示范”（项目号 201303002，项目执行期 2012.01—2017.12）。依托前期项目组成员单位和国内外的工作基础，项目组有针对性地研究了影响玉米、水稻、小麦、棉花高活力种子生产中的关键问题，组装配套各类作物高活力种子的生产技术规程和低损加工技术规程，并在企业进行技术示范，为全面提升我国主要农作物种子活力水平提供理论指导，为农业机械化和现代化发展提供种子保障。

依托项目研究成果，我们编写了下列丛书：

《河西地区杂交玉米种子生产技术手册》

《玉米种子加工与贮藏技术手册 上册·收获和干燥》

《玉米种子加工与贮藏技术手册 中册·包衣和包装》

《玉米种子加工与贮藏技术手册 下册·贮藏》

《玉米种子精选分级技术原理和操作指南》

《水稻高活力种子生产技术手册》

《棉花高活力种子生产技术手册》

《冬小麦高活力种子生产技术手册》

《水稻种子活力测定技术手册》

《小麦种子活力测定技术手册》

《棉花种子活力测定技术手册》

《玉米种子萌发顶土力生物传感快速测定技术手册》

《水稻种子活力氧传感快速测定技术手册》

《小麦种子活力计算机图像识别操作手册》

《种子形态特征图像识别操作手册》

《主要农作物种子数据库查询系统用户使用手册 V1.0》

本套丛书可供相关种子研究人员及农业技术人员和制种人员使用，成书仓促，疏漏之处在所难免，恳请读者批评指正！

编著者

2018 年 3 月

前　言

在作物生产中，种子作为最基本的生产资料，种子质量直接影响作物的产量与质量，种子活力（seed vigor）又是反映种子质量的重要指标。因此，测定种子活力，对种子活力进行评价并筛选出高活力种子，对于确保播种种子质量，节约播种费用，提高种子抵御不良环境的能力，增强种子对病虫杂草的竞争能力，提高实际田间出苗率，提高作物产量，增强种子的耐储藏性，具有重大的生产意义。

目前国内应用较多的作物种子活力测定方法仍然是幼苗生长速率测定。由于发芽测定消耗时间长，越来越不能满足竞争日益激烈的市场对快速准确掌握种子质量信息的需求。

为了更加全面和系统地了解种子活力测定的方法，掌握种子活力测定技术，我们收集国内外种子活力测定的相关资料，以及实践经验，结合实验室研究进展，选取试验相对简便易行、结果准确的测定方法编辑成《种子活力测定技术手册》。本手册共分 8 个分册，内容涉及种子活力常规测定方法、新技术在种子活力测定中的应用以及相关软件、数据库的操作和使用，作物包括水稻、小麦、玉米、棉花等。

各分册编写分工如下：

《水稻种子活力测定技术手册》	赵光武　唐启源 何龙生
《小麦种子活力测定技术手册》	孙　群
《棉花种子活力测定技术手册》	李润枝
《玉米种子萌发顶土力生物传感快速测定技术手册》	江绪文　王建华
《水稻种子活力氧传感快速测定技术手册》	赵光武
《小麦种子活力计算机图像识别操作手册》	孙　群
《种子形态特征图像识别操作手册》	孙　群　王建华
《主要农作物种子数据库查询系统用户使用手册 V1.0》	赵光武　王建华

此手册期望能为作物育种、种子生产人员提供参考。

由于时间紧促，加上编者水平有限，难免会有错误和疏漏之处，恳请读者批评指正。

编著者

2018 年 3 月

目　录

引言

水稻是我国最重要的粮食作物之一。在水稻生产中，种子作为最基本的生产资料，其质量的好坏影响水稻的产量与品质。种子活力是反映种子质量的重要指标。因此，测定种子活力，进而对种子活力进行评价并筛选出高活力种子，可确保播种种子质量，节约播种费用，提高种子抵御不良环境的能力，增强对病虫杂草的竞争能力，提高田间出苗水平和作物产量，增强种子的耐储性，具有重大的生产实践意义。

本手册是在农业部公益性行业（农业）科研专项“主要农作物高活力种子生产技术研究与示范”项目的资助下完成的。为了更加全面和系统地了解种子水稻活力测定的方法，掌握种子活力测定技术，依托项目最新研究成果并收集国内外有关种子活力测定方面的资料，选取试验方法相对简便易行、与种子活力相关性高的指标编辑成本手册。全书分为基于标准发芽试验的活力测定方法、生理生化指标测定方法及逆境发芽试验测定三大内容，涉及发芽速度测定、幼苗生长测定、电导率测定、挥发性醛含量测定、α-淀粉酶活性测定、过氧化氢酶（CAT）活性测定、超氧化物歧化酶（SOD）活性测定、过氧化物酶(POD)活性测定、丙二醛(MDA)含量测定、脯氨酸(Pro)含量测定、加速老化测定、抗冷测定、干旱胁迫发芽测定、低温胁迫发芽测定、盐胁迫发芽测定等。本手册期望能为农业科技工作者提供参考。

1 基于标准发芽试验的活力测定方法

在种子批或种子样品发芽过程中，通过对发芽势、发芽指数、活力指数、简易活力指数、平均发芽天数等活力指标的测定，进而将不同活力水平的种子批或种子样品加以区分。发芽势、发芽指数、活力指数、简易活力指数指标较高则活力水平较高，其中活力指数包含种子的发芽速率和幼苗长势两个变量，因此，活力指数能更有效地反映种子的真实活力水平。平均发芽天数是种子发芽所需的天数，其值越大，说明种子发芽越迟缓，种子活力越低；反之，说明种子发芽越迅速，种子活力越高。

1.1 发芽速度测定

参考《国际种子检验规程》中水稻种子发芽技术条件规定进行标准发芽试验。水稻种子发芽床可选择 TP、BP 或 S，发芽温度可采用 25℃的恒温，或是 20～30℃的变温（20℃黑暗下培养 16 h，30℃光照下培养 8 h）。如种子存在休眠，还需要打破休眠，通过 50℃预热、水或硝酸或三氯异氰尿酸溶液浸种均可破除种子休眠。从水稻种子样品中取样，随机数取 100 粒，4 次重复。第 2 天起每天记载发芽种子数，直至 14 d，如图 1 所示。随机取 30 株，测定幼苗长度或干重（在 80℃下烘 24 h）。

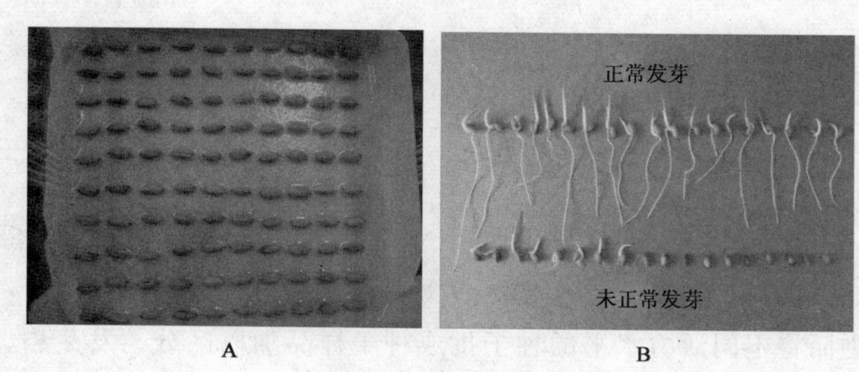

图 1　室内标准发芽示意图

A. 水稻种子置床示意图　B. 水稻种子萌发 14 d 后示意图

1.1.1　计算方法

按照以下公式计算各样品种子活力指标，并进行比较。

（1）发芽势（GP）

$$GP = \frac{\text{初次计数发芽数}}{\text{发芽试验样品粒数}} \times 100\%$$

（2）发芽指数（GI）

$$GI = \sum (G_t / D_t)$$

式中：D_t——发芽天数；

G_t——与 D_t 相对应的每天发芽种子数。

(3)活力指数(VI)

$$VI = GI \times S$$

式中:S——一定时期内正常幼苗单株长度(cm)或干重(g)。

(4)简易活力指数(SVI)

$$SVI = G \times S$$

式中:G——发芽率;

S——一定时期内正常幼苗单株长度(cm)或干重(g)。

(5)平均发芽时间(MGT)

$$MGT = \sum (G_t \cdot D_t) / \sum G_t$$

式中:D_t——发芽天数;

G_t——与 D_t 相对应的每天发芽种子数。

1.1.2 举例说明

甲、乙两份水稻种子样品发芽率均为89%,但种子活力存在明显差异,甲样品种子活力明显低于乙样品,其发芽数据如表1所示。

表1 甲、乙两份各100粒水稻种子样品的发芽数据

水稻样品	发芽天数/d														苗长/cm
	1	2	3	4	5	6	7	8	9	10	11	12	13	14	
甲	0	0	3	18	27	10	9	9	7	3	1	1	0	1	9.9
乙	0	0	1	29	40	12	5	2	0	0	0	0	0	0	12.0

(1)发芽势(GP)的计算结果

$$甲样品\ GP=\frac{0+0+3+18+27}{100}\times100\%=48\%$$

$$乙样品\ GP=\frac{0+0+1+29+40}{100}\times100\%=70\%$$

(2)发芽指数(GI)的计算结果

甲样品 GI=0/1+0/2+3/3+18/4+27/5+10/6+9/7+9/8+7/9+3/10+1/11+1/12+0/13+1/14=16.3

乙样品 GI=0/1+0/2+1/3+29/4+40/5+12/6+5/7+2/8+0/9+0/10+0/11+0/12+0/13+0/14=18.6

(3)活力指数(VI)的计算结果

甲样品 VI=16.3×9.9=161.4

乙样品 VI=18.6×12.0=223.2

(4)简易活力指数(SVI)的计算结果

甲样品 SVI=89×9.9=881.1

乙样品 SVI=89×12.0=1068

(5)平均发芽天数(MGT)的计算结果

甲样品 MGT=(0×1+0×2+3×3+18×4+27×5+10×6+9×7+9×8+7×9+3×10+1×11+1×12+0×13+1×14)/89=6.1

乙样品 MGT=(0×1+0×2+1×3+29×4+40×5+12×6+5×7+2×8+0×9+0×10+0×11+0×12+0×13+0×14)/89=5.0

1.2 幼苗生长测定

1.2.1 技术原理

水稻种子萌发一段时间后,其幼苗的长度可反映其生长速率。水稻幼苗的根长、芽长可代表其活力的强弱。与发芽率相比,幼苗长度能更准确地预测种子的田间出苗状况。高活力的种子萌发迅速、幼苗生长快,而活力低的种子萌发速度慢、幼苗生长也慢。因此,通过测定幼苗的根长或芽长,可将不同活力的种子区分开。垂直发芽能使幼苗更好地直立生长,比经常地多次观察和计算种子发芽数目更为方便。

1.2.2 实验器材

光照培养箱、垂直发芽板、发芽纸、塑料盒、三氯异氰尿酸。

1.2.3 操作步骤

(1)种子预处理

首先,从净度分析后充分混合的净种子中,用数种设备或手工随机数取种子。以 30 粒为一个重复,试验设 3～4 个重复。然后,种子样品在 0.2%的三氯异氰尿酸水溶液中浸种 24 h,打破种子休眠。

(2)置床

在幼苗伸长测定中,需准备垂直发芽装置(图 2)。该发芽装置由 4 部分组成。第 1 部分是专业发芽纸公司生产的发芽纸(白色、黄色、蓝色等颜色均可)。将发芽纸裁成长 25.0 cm×宽 20.0 cm,然后用蒸馏水充分湿润。第 2 部分是放置发芽纸的塑料板(长 26.0 cm×宽 22.0 cm),将湿润的发芽纸置于塑料板上。种子经过酒精消毒后,均匀摆放在发芽纸上。第 3 部分是含有 6 条插槽的固定板(长 32.6 cm×宽 22.2 cm×高 5.8 cm),插槽之间相隔 5.4 cm。将摆放好种子的塑料板插入插槽。第 4 部分是塑料盒(长 34.5 cm×宽 23.7 cm×高 10.3 cm),用于放置固定板和盛水供种子萌发。种子萌发需要的水被盛放在塑料盒中,保持水面与最后一排种子相距 10 cm。

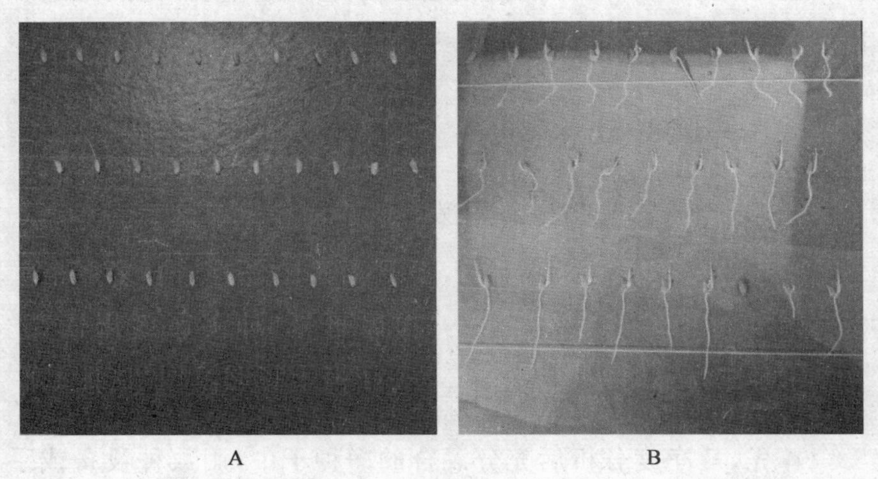

A　　　　　　　　　　B

图 2　垂直板发芽示意图

A. 水稻种子置床示意图　B. 水稻种子萌发 7 d 后示意图

(3)培养和测量

将已置床的种子置于光照培养箱中培养 7 d。参考国际种子检验规程,可采用 25℃的恒温,或是 20～30℃的变温(20℃黑暗下培养 16 h,30℃光照下培养 8 h)。从第 3 天开始每天测量胚根和胚芽的长度,直至第 7 天。

(4)注意事项

①种子摆放时应注意区分种子胚根生长的方向,保证有胚的一端朝下。②为避免萌发后幼苗重叠,种子应交错摆放。③为防止种子脱落,在幼苗伸长测定过程中,先取一块玻璃板置于试验台上,将蓝色发芽纸充分浸湿后,铺在玻璃板上与其充分贴合,30 粒种子完全铺好后,再取一块玻璃板覆盖在蓝色发芽纸上,用橡皮筋把两块玻璃板夹紧。

1.2.4 主要结论

通过对不同活力的水稻种子进行垂直板发芽试验,测量 3～7 d 的根长、芽长和苗长,并计算根芽比,然后进行基于标准发芽试验和田间出苗试验的常规活力测定。相关分析结果表明,与芽长和苗长相比,根长与种子活力指标之间相关性更高,且以 5～7 d 根长与各活力指标相关性尤为显著。经方差分析结果验证,根长显著高的品种,其种子活力也高。

2 生理生化指标测定方法

种子因寿命或其他因素造成细胞膜的完整性逐渐下降，内含物质易从细胞膜中游离出来。因此，膜系统的完整性往往与衰老、活力密切相关。种子吸胀初期，细胞膜重建和修复能力影响电解质（如氨基酸、有机酸、糖及其他离子）渗出程度。活力高的种子能够更加快速地修复细胞膜，电解质渗出物较少；而活力低的种子，其修复能力差，细胞膜完整性差，电解质渗出物较多。

2.1 电导率测定

2.1.1 技术原理

种子劣变过程中，活力高的种子能够更加快速地修复细胞膜，电解质渗出物较少；而活力低的种子，其修复能力差，细胞膜完整性差，电解质渗出物较多。因此，高活力种子浸泡液的电导率较低，而低活力种子浸泡液的电导率较高。

2.1.2 实验器材

烘箱、电子水分测定仪、电子天平、电导仪、镊子、烧杯、吸水纸、培养皿、量筒、滤纸等。

2.1.3 操作步骤

(1)试验前的准备

①校正电极:电导仪的电极常数必须达到1.0。电导仪开始使用之前或经常使用一段时间(2周)后,应对电极进行校正。标定液用0.745 g的氯化钾(KCl,分析纯)溶解于去离子水中,配成0.01 mol/L的KCl溶液1 L。

该溶液在20℃下的电导率为1 273 μS/cm或略高(因去离子水或蒸馏水本身的电导率的存在)。如果读数不准确,应调整电导率。

②水的准备:最好使用去离子水,也可使用蒸馏水。但测定前使用的水必须进行电导率测定,20℃条件下去离子水的电导率不超过2 μS/cm,蒸馏水电导率不超过5 μS/cm,使用前水的温度应保持在(20±1)℃范围内。

③温度检查:检查发芽箱、培养箱、发芽室和水的温度,调整温度至(20±1)℃范围内方能进行电导率的测定。

④种子水分含量检查:用于电导率测定种子的水分含量应在10%~14%的范围内,如果种子水分含量高于14%或是

低于10%，应在试验前进行水分含量调节，否则试验不能进行。如果事先不知道种子的水分含量，可采用标准烘箱法测定。

⑤准备烧杯：为保证有适宜的水浸没种子和电极，选用500 mL的烧杯，使用前必须冲洗干净，并用去离子水或蒸馏水冲洗两次后倒入250 mL的去离子水或蒸馏水备用。在盛放种子前，先在(20±1)℃下平衡24 h。

(2)准备试样

随机数取大小均匀无损的水稻种子4份，每份100粒，分别称重、精确至0.01 g。

(3)浸种

已称重的种子放入已盛有250 mL水的烧杯中，贴好标签。轻轻摇晃烧杯，确保所有种子完全浸没，然后用薄膜或铝箔盖好，在(20±1)℃下放置24 h。

(4)电导率测定

电导率测定前，电导仪需事先启动至少15 min。24 h浸种结束后，应立即测定水和种子浸泡液的电导率(图3)。盛有种子的烧杯应轻轻摇晃10～15 s，移去薄膜或铝箔，将电极插入溶液中，此时一定小心不要将电极放在种子上。如果读数不稳定，可滤出种子后再测。测完一个试样重复后，用去离子水或蒸馏水冲洗电极两次，用滤纸吸干，再测定下一个试样重复。如果在测定期间发现硬实种子，测定结束后应将其除去，干燥表面后称重,并从 100 粒种子样品重量中减除。注意:一批测定一般不超过 15 min。

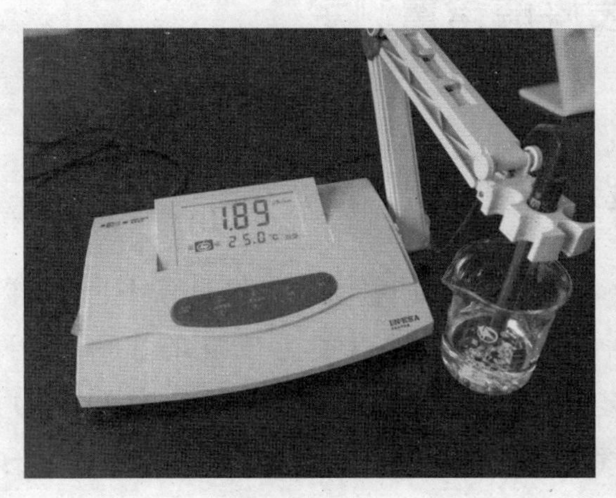

图 3　水稻种子电导率测定示意图

(5)结果计算

根据以下公式计算每一重复单位重量的电导率。4 次重复间最大值和最小值的容许差距为 5 μS/(cm · g),如果未超出,计算 4 次重复的平均值,如果超出,需重新试验。

$$电导率[\mu S/(cm \cdot g)]=\frac{样品值-对照值}{样品种子重量}$$

2.1.4　主要结论

水稻种子脱壳浸泡 24 h 后的电导率与种子活力之间呈显著负相关关系。

2.2 挥发性醛含量测定

2.2.1 技术原理

当种子老化及劣变时，伴随而生的有不同的挥发性物质。挥发性醛类在种子萌发过程中生成量的多寡，与种子活力呈负相关，测定挥发性物质是一种具有潜力的活力测定方法。研究表明，挥发性醛含量测定是一种检测水稻种子活力的简易、快速和准确的方法。含有挥发性醛的3-甲基-2-苯并噻唑啉酮腙盐酸盐（MBTH）溶液与$FeCl_3$反应呈蓝色，可用比色法定量测定醛的含量。

2.2.2 实验器材

恒温水浴锅、紫外/可见分光光度计、分析天平、比色杯、试管、康维皿等。

2.2.3 操作步骤

（1）挥发性醛收集

取250 mL三角瓶或康维皿（ϕ10 cm）一套（图4），底部放两层滤纸，放入一定数量的种子和适量的蒸馏水，使种子吸胀萌发。将装有5 mL 0.2% 3-甲基-2-苯并噻唑啉酮腙盐酸盐（MBTH）

溶液的试管放入三角瓶或康维皿中，以吸收种子放出的挥发性醛，用橡皮塞塞紧三角瓶口或用玻璃盖加少许凡士林密封康维皿口，然后放在 28℃恒温箱中，经 48 h 后取出。

A　　B

图 4　水稻种子挥发性醛含量测定示意图

A. 康维皿口密封前示意图　B. 三角瓶法示意图

（2）标准曲线的绘制

用 0.2% MBTH 作溶剂，配制不同浓度的甲醛溶液（1～5 μg/mL），分别取不同浓度的甲醛溶液 1 mL，加入 2.5 mL 0.2% $FeCl_3$ 溶液，摇匀，在 28℃中反应 5 min，然后加入 6.5 mL 丙酮，摇匀，在 635 nm 处测光密度值。以光密度值为横坐标，甲醛浓度为纵坐标，绘制标准曲线。

（3）挥发性醛的比色测定

从吸收管中取出 0.1～1 mL 吸收液（视醛含量多少而定），加入 0.2% MBTH 至 1 mL。以下步骤与绘制标准曲线的相同。对照用 1 mL 0.2% MBTH 溶液。

2.2.4 主要结论

在不同类型水稻种子萌发过程中，挥发性醛的生成量与种子活力呈负相关。

2.3 α-淀粉酶活性测定

2.3.1 技术原理

α-淀粉酶可以水解淀粉内部的α-1,4-糖苷键，水解产物为糊精、低聚糖和单糖，酶作用后可使糊化淀粉的黏度迅速降低，变成液化淀粉，故又称为液化淀粉酶、液化酶、α-1,4-糊精酶。种子萌发时，预存和新合成的α-淀粉酶被运送到胚乳中，将贮存的直链淀粉水解成葡萄糖和麦芽糖，或将支链淀粉水解成葡萄糖、麦芽糖和极限糊精，所以α-淀粉酶对种子萌发过程中贮藏淀粉的利用至关重要。进一步研究证明，种子内α-淀粉酶与种子活力密切相关。

2.3.2 实验器材

(1)仪器设备

分光光度计、pH计、匀浆机、恒温水浴锅等。

(2)试剂耗材

50 mmol/L 的 Tris-HCl 缓冲液(pH 7.0)、β-极限糊精、碘-碘化钾溶液、50 mmol/L 柠檬酸缓冲液(pH 3.6)、1%的马铃薯淀粉溶液。

2.3.3　操作步骤

第一步,参照刘子凡著《种子学实验指南》绘制麦芽糖标准曲线。

第二步,称取 0.5 g 萌发 3 d 的水稻种子胚芽于研钵中,加入少量石英砂和 8 mL 蒸馏水进行研磨,直到变成匀浆后全部倒入 10 mL 离心管中。先在室温下放置 15 min 使之充分提取,然后设定离心机转速为 3 000 r/min,离心 10 min,取上清液定容到 1 000 mL 容量瓶中,即为淀粉酶原液,用于 α-淀粉酶活力测定。

第三步,取 3 支试管分别标为 I-1、I-2、I-3(其中 I-1 为空白对照,I-2、I-3 为测验组),在试管中分别加入淀粉酶溶液 1 mL,把水浴锅温度调成 70℃,水浴 15 min,直到试管冷却后再在空白管 I-1 中加入 2 mL 的 3,5-二硝基水杨酸,接着将各试管和淀粉溶液置于 40℃恒温水浴锅中,预保温 10 min,在各试管中分别加入 1%淀粉溶液 1 mL,让淀粉酶在恒温水浴中准确催化淀粉溶液 5 min,接着在测验组 I-2、I-3 中分别加入 3,5-二硝基水杨酸 2 mL。

第四步,将各试管摇匀使还原糖和水杨酸充分反应,显色后在 540 nm 波长下比色测定光密度。

第五步，根据公式计算结果

α-淀粉酶活力(mg/g)＝麦芽糖含量(mg/mL)×
淀粉酶原液总体积(mL)/样品重(g)

计算测验组 I-2、I-3 管的光密度平均值与空白对照 I-1 管的光密度之差并在标准曲线上查出相对应的麦芽糖含量。

2.3.4 主要结论

在粳型常规稻中，α-淀粉酶活性与发芽势、发芽率、发芽指数、活力指数、简易活力指数、田间出苗率呈极显著的正相关关系，与平均发芽天数呈负相关关系。在籼型常规稻中，α-淀粉酶活性与发芽势、发芽率、发芽指数、活力指数、简易活力指数、平均发芽天数、田间出苗率均呈负相关关系。

2.4 过氧化氢酶(CAT)活性测定

2.4.1 技术原理

过氧化氢酶(CAT)是一种酶类清除剂，是以铁卟啉为辅基的结合酶。它可促使 H_2O_2 分解为分子氧和水，清除体内的过氧化氢，从而使细胞免于遭受 H_2O_2 的毒害，是生物防御体系的关键酶之一。过氧化氢酶广泛存在于植物体内，在代谢中起着重要的作用，它可以清除植物体内的 H_2O_2，而 H_2O_2 可以直接或间接地氧化细胞内核酸、蛋白质等生物大分子，并损害细胞膜，从而加速细胞的衰老和解体，因此过氧化氢酶活性的增加可以提高种子的活力。

2.4.2 实验器材

(1)仪器设备

研钵、50 mL 三角瓶、10 mL 酸式滴定管、恒温水浴锅、25 mL 容量瓶。

(2)试剂耗材

10% H_2SO_4；

0.2 mol/L 磷酸缓冲液(pH 7.8)；

0.1 mol/L 高锰酸钾标准液：称取 $KMnSO_4$（AR）3.160 5 g，用新煮沸冷却蒸馏水配制成 1 000 mL 溶液，用 0.1 mol/L 草酸溶液标定；

0.1 mol/L H_2O_2：市售 30% H_2O_2 大约等于 17.6 mol/L，取 30% H_2O_2 溶液 5.68 mL，稀释至 1 000 mL，用标准 0.1 mol/L $KMnSO_4$ 溶液(在酸性条件下)进行标定；

0.1 mol/L 草酸：称取优级纯 $H_2C_2O_4 \cdot 2H_2O$ 12.607 g，用蒸馏水溶解后，定容至 1 L。

2.4.3 操作步骤

第一步，取 0.5 g 萌发 3 d 的水稻种子胚芽加入 pH 7.8 的磷酸缓冲液少量，研磨成匀浆，转移至 25 mL 容量瓶中。用该缓冲液冲洗研钵，并将冲洗液转入容量瓶中，用同一缓冲液定容，4 000 r/min 离心 15 min，上清液即为过氧化氢酶的粗提液。

第二步，取 50 mL 三角瓶 4 个（3 个测定，1 个对照），测定瓶中加入酶液 2.5 mL，对照瓶中加入煮死酶液（酶液煮沸 20 min）2.5 mL，再加入 2.5 mL 0.1 mol/L H_2O_2，同时计时，于 30℃ 恒温水浴锅中保温 10 min，立即加入 10% H_2SO_4 2.5 mL。

第三步，用 0.1 mol/L $KMnSO_4$ 标准液滴定 H_2O_2，至出现粉红色（在 30 s 内不消失）为终点。

酶活性用每克鲜重样品 1 min 内分解 H_2O_2 的毫克数表示：

$$酶活性[mg/(g \cdot min)] = \frac{(A-B) \times V_T \times 1.7}{W \times V_1 \times t}$$

式中：A——对照 $KMnSO_4$ 滴定毫升数（mL）；

B——酶反应后 $KMnSO_4$ 滴定毫升数（mL）；

V_1——反应所用酶液量（mL）；

V_T——酶液总量（mL）；

W——样品鲜重（g）；

1.7——1 mL 0.1 mol/L 的 $KMnSO_4$ 相当于 1.7 mg H_2O_2；

t——反应时间（min）。

2.4.4 主要结论

在粳型常规稻中，过氧化氢酶活性与发芽势、发芽率、发芽指数、活力指数、简易活力指数、田间出苗率呈极显著的正相关关系，与平均发芽天数呈显著负相关关系。

在籼型常规稻中，过氧化氢酶活性与发芽势、发芽率、发芽指数、田间出苗率均呈负相关关系，与活力指数、简易活力指数、平均发芽天数呈正相关关系。

2.5 超氧化物歧化酶(SOD)活性测定

2.5.1 技术原理

超氧化物歧化酶(SOD)可对抗与阻断因氧自由基对细胞造成的损害，并及时修复受损细胞，复原因自由基造成的对细胞伤害。在一般种子干燥贮藏情况下，膜的磷脂分子中的不饱和脂肪酸会受到自由基的“攻击”，因而引起若干不饱和脂肪酸的破坏，从而影响膜构造的变化。超氧化物歧化酶可将超氧化自由基的破坏作用消除。所以，超氧化物歧化酶对防止种子老化劣变具有保护作用。另据研究表明，超氧化物歧化酶与种子活力呈显著正相关。

2.5.2 实验器材

(1)仪器设备

分光光度计,高速台式离心机,微量进样器,荧光灯(4 000 lx),15 mm×150 mm 试管,黑色硬纸套。

(2)试剂耗材

①提取介质:0.05 mol/L 磷酸缓冲液(pH 7.8)。

②130 mmol/L 甲硫氨酸(Met)溶液:称 1.939 9 g Met,用磷酸缓冲液溶解并定容至 100 mL。

③750 μmol/L 氮蓝四唑(NBT):称取 0.061 33 g NBT,用磷酸缓冲液溶解并定容至 100 mL,避光保存。

④100 μmol/L 乙二胺四乙酸(EDTA)-Na_2 溶液:称取 0.037 21 g EDTA-Na_2,用磷酸缓冲液定容至 1 000 mL。

⑤20 μmol/L 核黄素溶液:取 0.075 3 g 核黄素,定容至 1 000 mL,避光保存(最好随用随配)。

2.5.3 操作步骤

第一步,酶液提取

取萌发 3 d 的水稻种子胚芽 0.5 g 于预冷的研钵中,加 2 mL 预冷的提取介质在冰浴下研磨成匀浆,加入提取介质冲洗研钵,并使终体积为 10 mL。取 5 mL 于 4℃下 10 000 r/min 离心 15 min,上清液即为 SOD 粗提液。

第二步，显色反应

取透明度好、质地相同的 15 mm×150 mm 试管 5 支，3 支为测定、2 支为对照，按规程加入试剂(表 2)。混匀后，将 1 支对照管罩上比试管稍长的双层黑色硬纸套遮光，其他各管置于 4 000 lx 日光灯下反应 20 min(要求各管照光情况一致，反应温度控制在 25～35℃)。

表 2 显色反应试剂配制

试剂名称	用量/mL	终浓度(比色时)
0.05 mol/L 磷酸缓冲液	1.5	
130 mmol/L Met 溶液	0.3	13 mmol/L
750 μmol/L NBT 溶液	0.3	75 μmol/L
100 μmol/L EDTA-Na_2 溶液	0.3	10 μmol/L
20 μmol/L 核黄素溶液	0.3	2 μmol/L
酶液	0.05	2 支对照管以缓冲液代替酶液
蒸馏水	0.25	
总体积	3	

(引自：李合生，植物生理生化实验原理，2000)

第三步，SOD 活性测定

至反应结束后，用黑布罩盖上试管，以不照光的对照管作空白，分别测定其他各管的吸光度值。

已知 SOD 活性单位以抑制 NBT 光化反应的 50% 为一个酶活性单位表示，按下式计算 SOD 活性。

$$\text{SOD 总活性} = \frac{(A_{CK} - A_E) \times V}{1/2 \times A_{CK} \times W \times V_t}$$

式中：A_{CK}——照光对照管的吸光度值；

A_E——样品管的吸光度值；

V——样品液体总体积，mL；

V_t——测定时样品容量，mL；

W——样品鲜重，g。

2.5.4 主要结论

粳型常规稻中，SOD 酶活性与发芽势、发芽率、发芽指数、活力指数、简易活力指数及田间出苗率呈正相关关系，与平均发芽天数呈负相关关系。

2.6 过氧化物酶(POD)活性测定

2.6.1 技术原理

过氧化物酶(POD)是一类血红蛋白，能利用过氧化氢氧化多种氢供体，如可氧化酚类、细胞色素 c、亚硝酸盐、抗坏血酸、吲哚、胺以及其他某些无机离子。过氧化物酶底物的这种广泛性表明了它在植物体中功能的多样性。许多实验都证明过氧化物酶在种子萌发和早期生长过程中发挥重要作用，它与种子活力密切相关。

2.6.2 实验器材

(1)仪器设备

电子天平、水浴锅、离心机、分光光度计。

(2)试剂耗材

1.5%愈创木酚、0.05 mol/L pH 7.8 PBS(磷酸缓冲液)、300 mmol/L H_2O_2 溶液。

2.6.3 操作步骤

第一步,酶液制备:取 0.5 g 萌发 3 d 的水稻种子胚芽加入 8 mL 0.05 mol/L pH 7.8 PBS(磷酸缓冲液),在冰上研磨成匀浆。10 000 r/min 离心 15 min,上清液即为酶粗提液。

第二步,POD 活性测定:取 50 μL 酶液加入 1 350 μL 25 mmol/L PBS、100 μL 1.5%愈创木酚及 100 μL 300 mmol/L H_2O_2 溶液,摇匀迅速转入比色皿,在分光光度计中测定 OD_{470} 的光度变化。

第三步,计算活性:

$$POD=(C\times(A\times V)/a)/(E\times W)$$

式中:C——活性测定值 ΔA470/min;

A——反应液总体积,mL;

V——提取液总体积,mL;

a——测定用提取液浓度，mmol/L；

W——样品重，g；

E——吸光系数＝26.6 L/（mmol·cm）。

2.6.4 主要结论

粳型常规稻 POD 活性与发芽势、发芽率、发芽指数、活力指数、简易活力指数及田间出苗率呈正相关关系，与平均发芽天数呈负相关关系。

2.7 丙二醛(MDA)含量测定

2.7.1 技术原理

丙二醛（MDA）是膜脂过氧化最重要的产物之一。它的产生还能加剧膜的损伤，因此在植物衰老生理和抗性生理研究中 MDA 含量是一个常用指标，可通过 MDA 了解膜脂过氧化的程度，以间接测定膜系统受损程度以及植物的抗逆性。种子衰老过程中，或遭受逆境胁迫时，种子发生膜脂过氧化作用，产生丙二醛等一些产物。种子及胚芽中的丙二醛含量的高低一定程度上反映了种子的衰老程度及抗性的强弱。故测定种子萌发过程中丙二醛的含量可以间接反映种子活力的高低。

2.7.2 实验器材

(1)仪器设备

研钵、电子天平、水浴锅、离心机、分光光度计。

(2)试剂耗材

硫代巴比妥酸、5%三氯乙酸(TCA)、TBA-TCA。

2.7.3 操作步骤

称取 0.5 g 萌发 3 d 的水稻种子胚芽,加 3 mL 5%三氯乙酸(TCA)研磨,所得匀浆在 3 600 *g* 下离心 10 min。取上清液 1.5 mL 加入 2.5 mL TBA-TCA 混合后,水浴煮沸 15 min,迅速冷却后在 1 800 *g* 速度下离心 10 min。取上清液分别测定 532 nm 和 600 nm 处的吸光度值。

按下面公式计算含量:

$$\text{MDA 含量(nmol/g)} = \frac{(OD_{532} - OD_{600}) \times A \times V/a}{1.55 \times 10^{-1} \times W}$$

式中:A—提取液总量,mL;

V—反应液总量,mL;

a—反应液中的提取液量,mL;

W—样品鲜重,g;

1.55×10^{-1}表示吸光系数。

2.7.4 主要结论

在粳型常规稻中，丙二醛含量与发芽势、发芽率、发芽指数、活力指数、简易活力指数、田间出苗率呈极显著的正相关关系，与平均发芽天数呈极显著负相关关系。

在籼型常规稻中，丙二醛含量与发芽势、发芽率、活力指数呈正相关关系，与发芽指数呈极显著正相关关系。但与简易活力指数、田间出苗率呈负相关关系，且与平均发芽天数的负相关关系达到极显著水平。

2.8 脯氨酸(Pro)含量测定

2.8.1 技术原理

脯氨酸(Pro)是植物蛋白质的组分之一，并可以游离状态广泛存在于植物体中。在干旱、盐渍等胁迫条件下，许多植物体内脯氨酸大量积累。积累的脯氨酸除了作为植物细胞质内渗透调节物质外，还在稳定生物大分子结构、降低细胞酸性、解除氨毒以及作为能量库调节细胞氧化还原等方面起重要作用。种子在萌发过程中，遭受逆境胁迫，种子及胚芽中的脯氨酸含量增加，其脯氨酸含量的高低一定程度上反映了种子的抗性的强弱。另外，由于脯氨酸亲水性极强，能稳定原生质体及组织内的代谢过程，因而能降低凝固点，具有防止细胞脱水的作用。因此，测定种子萌发过程中脯氨酸的含量可以间接反映种子活力的高低。

2.8.2 实验器材

(1)仪器设备

电子天平、水浴锅、离心机、分光光度计。

(2)试剂耗材

酸性茚三酮溶液、3%磺基水杨酸、冰醋酸、甲苯。

2.8.3 操作步骤

称取0.5 g萌发3 d的水稻种子胚芽。在液氮中研磨成粉末，用适量的80%乙醇溶解，匀浆液全部转移至15 mL刻度试管中，用80%乙醇洗研钵，将洗液移入相应的刻度试管中，最后用80%乙醇定容至12 mL，混匀，80℃水浴中提取20 min。向提取液中加入约0.4 g的人造沸石和0.2 g活性炭，强烈振荡5 min，除去干扰的氨基酸，12 000 r/min离心2 min。分别吸取上述提取液2 mL于刻度试管中，再取一支刻度试管，加入2 mL 80%乙醇作为参比，分别向上述各试管中加入2 mL冰醋酸和2 mL茚三酮试剂，沸水浴中加热15 min，冷却后在分光光度计测520 nm处各样品的光密度，从标准曲线上查出被测样品液中脯氨酸的浓度。

计算公式（x 为标准曲线上所对应的脯氨酸浓度）如下：

$$单位鲜重样品的脯氨酸含量=\frac{x\times 2.5}{样重\times 10^6}\times 100\%$$

2.8.4 主要结论

在粳型常规稻中，脯氨酸含量与发芽势、发芽率、发芽指数、活力指数、简易活力指数呈极显著的正相关关系，与田间出苗率呈显著的正相关关系，与平均发芽天数呈负相关关系。

在籼型常规稻中，脯氨酸含量与发芽势、简易活力指数呈极显著的负相关关系，与平均发芽天数呈显著的负相关关系，与发芽势、活力指数、田间出苗率呈显著的负相关关系。

3 逆境发芽试验测定方法

种子活力测定中的逆境发芽试验测定方法是指将种子置于逆境条件(如低温、高温、高湿、干旱、盐胁迫等)下进行发芽试验,并检查种子耐逆境萌发能力的强弱,衡量其活力水平的测定方法。

3.1 加速老化测定

3.1.1 技术原理

种子在自然条件下老化较慢,而在高温高湿条件下能导致种子快速老化,种子活力迅速降低。高活力种子由于耐受高温高湿条件的能力强,劣变较慢,老化处理后其发芽能力虽明显降低,但比低活力种子高。加速老化测定正是模拟了种子在高温高湿条件下贮藏一定时间后的发芽能力的表现来评判种子批的贮藏寿命或其田间活力状况。

3.1.2 实验器材

老化箱、老化盒(内含网架)、发芽盒、发芽纸、0.2%三氯异氰尿酸溶液。

3.1.3 操作步骤

(1)种子水分含量检查

如果所测种子水分含量未知,应采用标准烘箱法测定。对于水分含量低于10%或高于14%的种子样品,应在测定前将其水分含量调节至10%～14%。

(2)种子样品准备

称取400粒水稻种子的重量,每100粒设置为1次重复,试验设4次重复,然后将种子均匀地平摊在老化盒的网架上。量取40 mL去离子水或蒸馏水放入发芽盒(12 cm×12 cm×6 cm)中,然后将放有种子的网架置于发芽盒内,保证每一发芽盒有盖(不要封口)。注意:操作过程中,确保水面一定要低于网架,防止水浸湿种子,否则不仅起不到老化种子的目的,相反还会改善和促进种子的活力。

(3)使用老化箱

打开种子老化箱(图5)电源,温度设置为41℃、43℃、45℃,时间设置为48 h、72 h、96 h,湿度设置为100%(如果达不到,湿度至少在95%以上)。待温度和湿度恒定后,将以上准备好的老化盒放入老化箱的架子上。为使温度均匀一致,老化盒间相隔大约为2.5 cm。记录老化盒放入时间,开始老化处理。注意:要将老化箱配备的加湿器加水后与老化箱相连,一次加水量为加湿器水箱体积的2/3为宜,每天应检查是否需要加水,切忌断水。此外,在老化处理期间,不能打开老化箱的门，否则要重新试验。

图5 加速老化测定示意图

(4)老化后种子水分含量的检查

老化处理后，从老化盒中取出一个小样品(10～20粒)，立即称重，用烘箱法测定种子水分含量。

(5)发芽试验

取出老化后的种子进行标准发芽试验。同时用200粒未进行老化处理的种子作对照，比较老化处理对种子活力的影响。

(6)结果计算与解释

分别计算100粒种子的发芽率，并求得4次重复的平均值。如果试验结果与未老化种子的发芽率差不多，则为高活力种子；

否则，明显低于对照种子时为中、低活力种子。

3.1.4 主要结论

在加速老化试验中，45℃老化 48 h 老化处理的种子发芽率可以作为常规粳稻种子活力的测定指标。而在常规籼稻中 41℃老化 96 h 后的发芽率可以作为种子活力的测定指标。

3.2 抗冷测定

3.2.1 技术原理

早春播种季节，种子往往遭受低温冷害。高活力的种子在经历一段时间的低温后发芽能力仍较强，而低活力的种子经低温处理后，发芽能力明显降低，严重时甚至不能够正常萌发出苗。抗冷测定通过提供高湿、低温（还有可能接种病原菌）的土壤条件来模拟早春的田间状况，该方法是测定种子活力最古老并广泛采用的方法。

3.2.2 实验器材

光照培养箱、托盘、发芽盒、发芽纸、0.2%三氯异氰尿酸溶液。

3.2.3 操作步骤

（1）试验样品的准备

随机选取水稻种子样品 400 粒，分成 4 次重复，每次重复 100 粒。

（2）发芽基质的准备

准备土壤、沙子或是土壤和沙子的混合物作为发芽基质，加水至基质的持水量达到 70%为宜，于 10℃低温下过夜。

（3）发芽托盘的准备与播种

取托盘 1 个，装满事先准备好的发芽基质，将托盘中的基质均匀分成 4 部分，每部分播种 100 粒，即一个重复，种子需压入基质内。

（4）培养

将托盘移入 10℃低温下黑暗培养 7 d，低温培养结束后将温度调至 30℃于垂直光下再培养 3～5 d。

3.2.4 主要结论

相关分析结果表明：常规籼稻种子经 10～30℃（10℃放置 7 d，取出后 30℃放置 3 d，）处理下的发芽率与发芽势、标准发芽率、发芽指数、田间出苗率均呈极显著的相关关系，所以 10～30℃是评价常规籼稻种子活力的理想指标。

3.3 干旱胁迫发芽测定

3.3.1 技术原理

干旱胁迫发芽试验通过提供控制水分条件来模拟干旱地的田间状况，通过 PEG 溶液培养的发芽率来评价种子批的活力状况。

3.3.2 实验器材

光照培养箱，发芽盒，发芽纸，0.2%三氯异氰尿酸溶液。15%、20%、25% PEG 溶液，对应的水势约为－0.4 MPa、－0.6 MPa、－0.8 MPa。

3.3.3 操作步骤

将样品种子每份进行人工随机分数 400 粒，每份再随机数取 100 粒种子作为一次重复，一共取 4 组重复。将这些种子用三氯异氰尿酸试剂(浓度比例 1∶500)浸种 24 h，打破种子休眠，让种子恢复发芽活性。

采用卷纸发芽的方法(图 6)，把发芽纸裁成 24 cm×24 cm 的规格，用已配好的不同浓度的 PEG 溶液浸泡发芽纸，而后取出一张发芽纸，将一个重复的种子分两排铺于纸上，卷起发芽纸，并将三个重复装入自封袋内，置于大发芽盒中。每个袋子贴上标签并注明品种编号和重复序号及试验开始日期。将发芽盒置于温度可调光照培养箱中，设置培养条件为：25℃恒温黑暗条件下持续16 h，光照条件下持续8 h。定期查看发芽盒内的种子是否发生霉变。若有，可用清水对霉变种子进行清洗后继续放在纸床上发芽，但已经霉烂的种子应从发芽床上移除并登记。在10 d时统计发芽的种子数，最后计算不同浓度PEG溶液处理后的干旱胁迫发芽率。

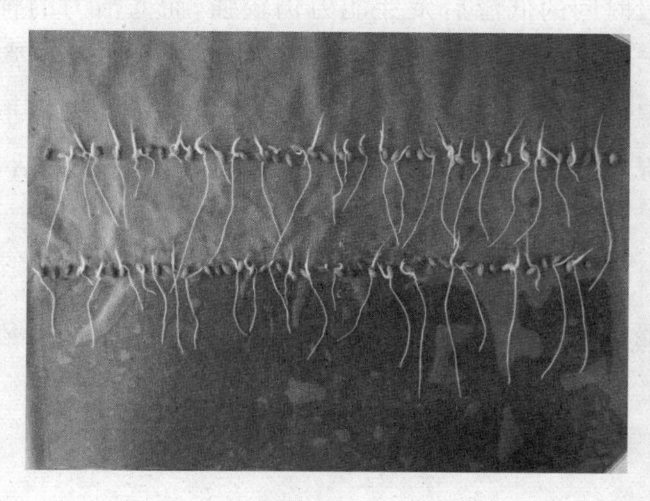

图6　干旱胁迫测定(卷纸方式)

3.3.4　主要结论

15% PEG处理下水稻种子发芽率与田间出苗率的相关程度达到了显著水平，可以认为15%浓度的PEG为室内模拟干旱胁迫的最佳浓度。

3.4 低温胁迫发芽测定

3.4.1 技术原理

早春播种季节，种子往往遭受低温冷害。高活力的种子在经历一段时间的低温后发芽能力仍较强，而低活力的种子经低温处理后，发芽能力明显降低，严重时甚至不能够正常萌发出苗。低温发芽试验通过提供高湿、低温土壤条件来模拟早春的田间状况，通过低温条件下的发芽率来评判种子批的活力状况。

3.4.2 实验器材

光照培养箱、发芽盒、发芽纸、0.2%三氯异氰尿酸溶液。

3.4.3 操作步骤

人工随机分数400粒水稻种子，以100粒种子为一个重复，设置4个重复。将这些种子用三氯异氰尿酸试剂（浓度比例1∶500）浸种24 h，杀灭种子表面的细菌和病毒，打破种子休眠。准备标准发芽盒并洗净，将每个盒子贴上标签并注明品种编号和重复序号及试验开始日期。把发芽纸裁成12 cm×12 cm的正方形若干份，浸湿后铺入发芽盒内，将恢复活性的种子整齐摆放于发芽盒的纸床上，将铺列整齐的种子发芽盒放入培养箱设置低温 10℃进行培养,设置黑暗条件下持续 16 h,光照条件下持续 8 h,第 14 天计算正常发芽率。

将 10℃的低温换成 14℃、18℃,其他步骤不变,重新做两次试验,分别计算得到三个梯度的低温胁迫发芽率。

3.4.4 主要结论

低温胁迫下,仅 14℃低温下的水稻种子发芽率与其田间出苗率的相关程度达到了显著水平,可以认为 14℃为低温胁迫的最适温度。

3.5 盐胁迫发芽测定

3.5.1 技术原理

种子随着老化劣变,膜系统受到损伤,NaCl 中的 Cl^- 容易渗入种胚细胞,伤害种胚的修复和正常代谢。低活力种子表现出明显的 NaCl 损伤,而高活力种子由于膜系统完整,受到其损害很轻,正常幼苗率高。

3.5.2 实验器材

光照培养箱,发芽盒,发芽纸,0.2%三氯异氰尿酸溶液,1.0%、1.5%、2.0% NaCl 溶液。

3.5.3 操作步骤

将样品种子每份随机分数300粒，以100粒种子作为一个重复，设置3组重复。试验样品经三氯异氰尿酸试剂(浓度比例1∶500)浸种24 h，打破种子休眠，让种子恢复发芽活性。采用卷纸发芽的方法，把发芽纸裁成24 cm×24 cm的规格，用已配好的不同浓度(1.0%，1.5%，2.0%)的NaCl溶液浸泡发芽纸。而后取出一张发芽纸，将一个重复的种子分两排铺于纸上，卷起发芽纸，并将3个重复装入自封袋内，置于大发芽盒中。每个袋子贴上标签并注明品种编号和重复序号及试验开始日期。将发芽盒置于温度可调光照培养箱中，设置培养条件为：25℃恒温黑暗条件下持续16 h，光照条件下持续8 h。定期查看发芽盒内的种子是否发生霉变。若有，可用清水对霉变种子进行清洗后继续放在纸床上发芽，但已经霉烂的种子应从发芽床上移除并登记。在10 d时统计发芽的种子数，最后计算不同浓度NaCl溶液处理后的盐胁迫发芽率(参考图6)。

3.5.4 主要结论

从相关系数可以看出，三个梯度下的盐胁迫与出苗率的相关性均达到了显著相关，尤其是氯化钠浓度为1.0%和1.5%时相关达到了极显著水平。而从苗高活力、苗重活力来看，2.0%浓度的氯化钠与它们的相关性达到了显著水平。从总体上来看，可以认为1.5%浓度的NaCl为盐胁迫最佳浓度。

附录　活力相关测定指标结果分析表

1.根长测定结果分析

附表1　根长与发芽指标的相关系数($n=10$)

类型	发芽指标	3 d根长(cm)	4 d根长(cm)	5 d根长(cm)	6 d根长(cm)	7 d根长(cm)
粳型常规稻	发芽势(%)	0.223	0.246	0.562	0.682	0.799*
	发芽指数	0.411	0.453	0.532	0.763*	0.792*
	活力指数	0.119	0.221	0.348	0.496	0.756*
	标准发芽率(%)	0.204	0.288	0.420	0.609	0.751*
	田间出苗率(%)	0.462	0.567	0.662	0.719	0.825**
籼型常规稻	发芽势(%)	0.423	0.678	0.782*	0.898**	0.921**
	发芽指数	0.569	0.678	0.771*	0.839*	0.882**
	活力指数	0.219	0.380	0.409	0.608	0.810*
	标准芽率(%)	0.309	0.511	0.799*	0.856**	0.904**
	田间苗率(%)	0.650	0.796*	0.879**	0.906**	0.951**

注:* 表示相关程度达到显著水平($P<0.05$),** 表示相关程度达到极显著水平($P<0.01$)。

2.电导率测定结果分析

附表2 电导率与各发芽指标的相关系数($n=20$)

指标	发芽势(%)	发芽率(%)	活力指数	平均发芽天数(d)	田间出苗率(%)
籼型常规稻电导率(μS/cm)	−0.95**	−0.96**	−0.616	−0.629	−0.721
粳型常规稻电导率(μS/cm)	−0.515	−0.604	−0.656	−0.153	−0.560

注:* 表示相关程度达到显著水平($P<0.05$),** 表示相关程度达到极显著水平($P<0.01$)。

3.α-淀粉酶活性测定结果分析

附表3 α-淀粉酶活性与各发芽指标的相关系数($n=16$)

指标	发芽势(%)	发芽率(%)	发芽指数	活力指数	简易活力指数	平均发芽天数(d)	田间出苗率(%)
粳型常规稻α-淀粉酶活性(mg/g)	0.409**	0.425**	0.410**	0.404**	0.388**	−0.12	0.518**
籼型常规稻α-淀粉酶活性(mg/g)	−0.104	−0.1590	−0.015	−0.001	−0.09	−0.15	−0.26

注:* 表示相关程度达到显著水平($P<0.05$),** 表示相关程度达到极显著水平($P<0.01$)。

4.CAT酶活性测定结果分析

附表4 CAT酶活性与各发芽指标的相关系数($n=16$)

指标	发芽势(%)	发芽率(%)	发芽指数	活力指数	简易活力指数	平均发芽天数(d)	田间出苗率(%)
粳型常规稻CAT酶活性[mg/(g·min)]	0.755**	0.768**	0.652**	0.729**	0.788**	−0.308*	0.631**
籼型常规稻CAT酶活性[mg/(g·min)]	−0.145	−0.0630	−0.001	0.043	0.03	0.15	−0.26

注:* 表示相关程度达到显著水平($P<0.05$),** 表示相关程度达到极显著水平($P<0.01$)。

5. SOD、POD酶活性测定结果分析

附表5　粳型常规稻种子萌发过程中酶活性与各标准发芽指标的相关系数(n=16)

指标	发芽势(%)	发芽率(%)	发芽指数	活力指数	简易活力指数	平均发芽天数(d)	田间出苗率(%)
SOD酶活性[U/g·(FW)]	0.28	0.2650	0.261	0.168	0.14	−0.28	0.39
POD酶活性[U/(g·min)]	0.075	0.134	0.241	0.257	0.15	−0.332*	0.301

注：* 表示相关程度达到显著水平(p<0.05)，** 表示相关程度达到极显著水平(p<0.01)。

6. 丙二醛含量测定结果分析

附表6　丙二醛含量与各发芽指标的相关系数(n=16)

指标	发芽势(%)	发芽率(%)	发芽指数	活力指数	简易活力指数	平均发芽天数(d)	田间出苗率(%)
粳型常规稻丙二醛含量(nmol/g)	0.722**	0.647**	0.751**	0.757**	0.609**	−0.581**	0.617**
籼型常规稻丙二醛含量(nmol/g)	0.167	0.0590	0.441**	0.216	−0.05	−0.472**	−0.26

注：* 表示相关程度达到显著水平(P<0.05)，** 表示相关程度达到极显著水平(P<0.01)。

7. 脯氨酸含量测定结果分析

附表7　脯氨酸含量与各发芽指标的相关系数(n=16)

指标	发芽势(%)	发芽率(%)	发芽指数	活力指数	简易活力指数	平均发芽天数(d)	田间出苗率(%)
粳型常规稻脯氨酸含量(μg/g)	0.469**	0.526**	0.472**	0.499**	0.521**	−0.33	0.401*
籼型常规稻脯氨酸含量(μg/g)	−0.339	−0.452**	0.015	−0.14	−0.370**	−0.366*	−0.126

注：* 表示相关程度达到显著水平(P<0.05)，** 表示相关程度达到极显著水平(P<0.01)。

8. 加速老化测定结果分析

附表 8　粳型常规稻老化发芽率与各活力指标相关系数($n=15$)

指标	发芽势(%)	发芽率(%)	活力指数	平均发芽天数(d)	田间出苗率(%)
41℃/48 h 老化发芽率(%)	0.501	0.685	0.769**	−0.007	0.513
41℃/72 h 老化发芽率(%)	0.597	0.748	0.522	−0.046	0.708*
41℃/96 h 老化发芽率(%)	0.400	0.579	0.530	−0.012	0.513
43℃/48 h 老化发芽率(%)	0.747	0.847*	0.580	0.099	0.708*
43℃/72 h 老化发芽率(%)	0.628	0.818*	0.529	0.346	0.604
43℃/96 h 老化发芽率(%)	0.613	0.564	0.446	−0.138	0.367
45℃/48 h 老化发芽率(%)	0.915**	0.841*	0.865*	−0.386	0.769*
45℃/72 h 老化发芽率(%)	0.292	0.607	0.408	0.436	0.688
45℃/96 h 老化发芽率(%)	0.650	0.875*	0.673	0.307	0.829*

注：* 表示相关程度达到显著水平($P<0.05$)，** 表示相关程度达到极显著水平($P<0.01$)。

附表 9　籼型常规稻老化发芽率与各活力指标相关系数($n=7$)

指标	发芽势(%)	标准发芽率(%)	活力指数	平均发芽天数(d)	田间出苗率(%)
41℃/48h 老化发芽率(%)	0.897**	0.916**	0.907**	0.874*	0.693
41℃/72 h 老化发芽率(%)	0.613	0.682	0.431	0.563	0.799*
41℃/96 h 老化发芽率(%)	0.947**	0.847*	0.783*	0.661	0.812*
43℃/48 h 老化发芽率(%)	0.734	0.744	0.794*	0.778*	0.478
43℃/72 h 老化发芽率(%)	0.752	0.760*	0.845*	0.902*	0.594
43℃/96 h 老化发芽率(%)	0.868*	0.852*	0.895*	0.827*	0.603
45℃/48 h 老化发芽率(%)	0.596	0.681	0.532	0.830*	0.602
45℃/72 h 老化发芽率(%)	0.315	0.360	0.633	0.299	−0.109
45℃/96 h 老化发芽率(%)	0.133	0.192	0.618	0.142	−0.004

注：* 表示相关程度达到显著水平($P<0.05$)，** 表示相关程度达到极显著水平($P<0.01$)。

9. 抗冷测定结果分析

附表 10　常规稻抗冷测定与模拟田间出苗相关系数($n=10$)

指标	标准发芽势(%)	标准发芽率(%)	活力指数	平均发芽天数(d)	发芽指数	田间出苗率(%)
粳型常规稻抗冷发芽率(%)	0.081	0.044	0.411	0.069	−0.187	−0.17
籼型常规稻抗冷发芽率(%)	0.960**	0.943**	0.882*	−0.431	0.909**	0.851**

注：* 表示相关程度达到显著水平($P<0.05$)，** 表示相关程度达到极显著水平($P<0.01$)。

10. 干旱胁迫测定结果分析

附表 11　干旱胁迫与模拟田间出苗相关系数($n=20$)

指标	出苗率(%)	苗高活力	苗重活力	15%PEG发芽率(%)	20%PEG发芽率(%)	25%PEG发芽率(%)
出苗率(%)	1.000					
苗高活力	0.814***	1.000				
苗重活力	0.732**	0.951***	1.000			
15%PEG发芽率(%)	0.579*	0.283	0.266	1.000		
20%PEG发芽率(%)	0.463	0.406	0.488	0.538*	1.000	
25%PEG发芽率(%)	0.357	0.206	0.260	0.667	0.347	1.000

注：* 表示相关程度达到显著水平($P<0.05$)，** 表示相关程度达到显著水平($P<0.01$)，*** 表示相关程度达到极显著水平($P<0.001$)。

11. 低温胁迫测定结果分析

附表 12　低温胁迫与模拟田间出苗相关系数($n=20$)

指标	出苗率(%)	苗高活力	苗重活力	低温 10℃发芽率(%)	低温 14℃发芽率(%)	低温 18℃发芽率(%)
出苗率(%)	1.000					
苗高活力	0.814***	1.000				
苗重活力	0.732**	0.951***	1.000			
低温 10℃发芽率(%)	0.487	0.413	0.276	1.000		
低温 14℃发芽率(%)	0.535*	0.280	0.279	0.577*	1.000	
低温 18℃发芽率(%)	0.483	0.225	0.268	0.463	0.919***	1.000

注：* 表示相关程度达到显著水平($P<0.05$)，** 表示相关程度达到显著水平($P<0.01$)，*** 表示相关程度达到极显著水平($P<0.001$)。

12. 干旱胁迫测定结果分析

附表 13　盐胁迫与模拟田间出苗相关系数($n=20$)

指标	出苗率(%)	苗高活力	苗重活力	1.0%NaCl发芽率(%)	1.5%NaCl发芽率(%)	2.0%NaCl发芽率(%)
出苗率(%)	1.000					
苗高活力	0.814***	1.000				
苗重活力	0.732**	0.951***	1.000			
1.0%NaCl发芽率(%)	0.711**	0.329	0.314	1.000		
1.5%NaCl发芽率(%)	0.706**	0.419	0.469	0.886***	1.000	
2.0%NaCl发芽率(%)	0.595*	0.517*	0.589*	0.710**	0.773***	1.000

注：* 表示相关程度达到显著水平($P<0.05$)，** 表示相关程度达到显著水平($P<0.01$)，*** 表示相关程度达到极显著水平($P<0.001$)。

参考文献

[1] Cao Dong dong, Ruan Xiao li, Yan Z, et al. Relativity analysis between seedling percentage in field and different seed vigor testing methods of hybrid rice seeds[J]. *Acta Agriculturae Zhejiangensis*, 2014, 26(5): 1145.

[2] Dennis M. Tekrony, Janet F. Spears, XIE Teli. Seed vigour determination [J]. *Seed*, 2003(4): 63-66.

[3] Fujino K. A major gene for low temperature germinability in rice (Oryza sativa, L.) [J]. *Euphytica*, 2004, 136 (1): 63-68.

[4] International Rules for Seed Testing (Adopted at the Ordinary General Meeting 2013, Antalya, Turkey and Effective from 1 January 2014. The International Seed Testing Association (ISTA). Zürichstr. 50, CH-8303 Bassersdorf, Switzerland, 2014.

[5] Komba C G, Brunton B J, Hampton J G. Accelerated ageing vigour testing of kale (Brassica oleracea L. var. acephala DC) seed[J]. *Seed Science & Technology*, 2006, 34 (1): 205-208.

[6] Liu X, Xing D, Li L, et al. Rapid determination of seed vigor based on the level of superoxide generation during early imbibition [J]. Photochemical & Photobiological Sciences Official Journal of the European Photochemistry Association & the European Society for Photobiology, 2007, 6(7): 767-774.

[7] Ming Z, Nakamaru Y, Tsuda S, et al. Enzymatic Conversion of Volatile Metabolites in Dry Seeds during Storage[J]. *Plant & Cell Physiology*, 1995, 36(1): 157-164.

[8] Qin Hong, Zheng Guang-hua. Improvement in vigor of hybrid rice seeds and its resistance to imbibition chilling injury [J]. *Plant Physiology Communications*, 1994, 30 (1): 24-26.

[9] Rules for Testing Seeds(Volume 1). AOSA(Association of Official Seed Analysts), 2005.

[10] Seed Vigor Testing Handbook. AOSA (Association of Official Seed Analysts), 2009.

[11] 陈良碧. 杂交水稻种子生理特点与耐贮藏性研究[J]. 种子, 1994(4): 19-21.

[12] 陈润政, 张北壮, 夏清华, 等. 种子萌发早期放出的挥发性醛的测定[J]. 植物生理学通讯, 1990, 3: 53-54.

[13] 陈润政, 张宏伟, 傅家瑞, 等. 水稻种子活力与挥发性醛关系的研究[J]. 中山大学学报(自然科学版), 1996(s2): 58-61.

[14] 杜锦,曹高燚,杨勇,等.人工老化对不同小麦品种种子生理生化特性的影响[C].中国作物学会作物种子专业委员会 2015 年学术年会会议论文集,2015.

[15] 段永红,李小湘,李卫红.利用电导法测定杂交水稻种子活力的探讨[J].湖南农业科学,2010(23):17-19.

[16] 杜秀敏,殷文璇,赵彦修,等.植物中活性氧的产生及清除机制[J].生物工程学报,2001,17(2):121-125.

[17] 李合生.植物生理生化实验原理和技术[M].北京:高等教育出版社,2000.

[18] 李月明,郝楠,孙丽惠,等.种子活力测定方法研究进展[J].辽宁农业科学,2013(1):38-40.

[19] 贾婷,赵钢,彭镰心,等.PEG-6000 引发对苦荞种子萌发及幼苗牛长的影响[J].成都大学学报(自然科学版),2012,31(1):1-3.

[20] 贺长征,胡晋,朱志玉,等.混合盐引发对水稻种子在逆境条件下发芽及幼苗生理特性的影响[J].浙江大学学报(农业与生命科学版),2002,28(2):175-178.

[21] 胡晋,戴心维,叶常丰.杂交水稻及其三系种子的贮藏特性和生理生化变化:Ⅱ籼、粳型杂交稻及其三系种子贮藏特性的差异和原因[J].种子,1989(2).

[22] 全国农作物种子标准化技术委员会,全国农业技术推广服务中心.GB 3543.1～3543.7—1995《农作物种子检验规程》实施指南[M].北京:中国标准出版社,2000.

[23] 王华芳,展海军.过氧化氢酶活性测定方法的研究进展[J].科技创新导报,2009(19):7-8.

[24] 谢皓,陈学珍,祁佳玥,等.人工加速老化对大豆种子活力的影响[J].北京农学院学报,2006,21(3):15-17.

[25] 熊英,欧阳杰,何永歆,等.芽期耐低温淹水的水稻种质的评价与筛选[J].杂交水稻,2015,30(4):54-58.

[26] 颜启传,胡伟民,宋文坚.种子活力测定的原理和方法[M].北京:中国农业出版社,2006.

[27] 颜启传.种子检验原理和技术[M].杭州:浙江大学出版社,2001.

[28] 颜启传.种子学[M].北京:中国农业出版社, 2001.

[29] 刘子凡.种子学实验指南[M].化学工业出版社,2011.

[30] 智慧,陈洪斌,凌莉.加速老化法测定谷子种子活力的研究[J].中国农业科学,1999,32(3):66-71.

[31] 赵光武.甜玉米种子健康及活力研究[D].北京:中国农业大学,2004.

[32] 赵光武,王建华.甜玉米种子活力测定及其田间成苗能力的评估[J].植物生理学报,2005,41(4):444-448.

[33] 张彩凤.水稻对水淹胁迫的应对机制及策略[J].现代农村科技, 2011(21):29-29.

[34] 张文明,倪安丽,王昌初.杂交水稻种子活力的研究[J].杂交水稻,1998(3):27-28.

[35] 朱诚,曾广文.一种测定种子挥发性醛释放量的简便方法[J].植物生理学报,1999,35(1):39-40.

[36] 张静. 盐胁迫对水稻种子发芽的影响[J]. 种子，2012，31(1)：98-100.

[37] 张桂堂，王东彬，刘瑞芳，等. 种子发芽试验规范化操作技术[J]. 种子，2009，28(6)：117-118.

[38] 钟昀，陶诗顺，马鹏，等. 淹水处理对萌发状态杂交稻种子出苗的影响[J]. 江苏农业科学，2016，44(1)：99-101.

[39] 董建华，陈定光，王秉忠. 植物激素对花生种子活力指数、过氧化物酶及可溶性蛋白质的影响[J]. 热带作物学报，2000，21(2)：23-29.

[40] 龚慧明. 磁场处理对蚕豆种子活力及幼苗过氧化氢酶过氧化物酶活性的影响[J]. 安徽农业科学，2007，35(22)：6723-672.